科学顾问 唐 勇
主 编 杨慧娜

元素萌萌说 4

Zr Ga Sr Be Rb As Se Br Y Ge

策 划 王昊阳 罗瑞敏 林芙蓉
编 绘 索石文化 俞 兰

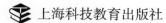 上海科技教育出版社

前　　言

　　元素是具有相同核电荷数（即质子数）的同一类原子的总称，在我们的日常生活中扮演着重要的角色。例如，氧、碳、氢和氮被认为是生命的四大元素，构成了人体质量的96%。其中，氧是人体中含量最多的元素，约占体重的61%；碳是我们生命体的最基本结构元素，这也是我们被称为"碳基生命"的原因。事实上，世间万物都由一种或者几种元素构成。元素无所不在，是构成物质世界的基础，在现代化学、物理学、生物学和材料学等学科发展中的巨大意义是不言而喻的。

　　元素思想的起源很早，人类对"元素"的认识经历了漫长的过程。古埃及人和古巴比伦人曾经把水，后来又把空气和土，看成是世界的主要组成元素。在古希腊时期，人们认为所有物质都是由四种基本元素（火、水、土、气）组成的。中国古代也有类似的思想，即金、木、水、火、土的五行元素学说，认为万物都是由金、木、

水、火、土五种元素混合而成的。直到 17 世纪，英国科学家波义耳在《怀疑派化学家》（*The Sceptical Chymist*）中对四元素说提出了质疑，给出了世界上第一个相对科学的元素定义，认为元素是明确的、实在的、可觉察到的实物，是一般化学方法不能再分解的某些物质。1789 年，法国化学家拉瓦锡发表了《化学纲要》（*Traité Elementaire de Chimie*），认为一切无法再分解的物质即为元素，彻底推翻了四元素说。拉瓦锡还列出了第一张元素表，将已知的 33 种元素进行了分类，分别归为气体、金属、非金属以及土族元素四类。1803 年，英国化学家道尔顿进一步拓展了拉瓦锡的理论，认为元素其实是由无法再分开的微小颗粒组成，任何一种特定的元素只能由特定的颗粒——原子组成，这些原子按照一定比例加以组合就能形成不同的化合物。与此同时，道尔顿以氢气为基准开始计算各种元素原子的相对质量，并在 1810 年发表了第一张含有二十余种元素的原子量表，原子也被赋予了自己固有（质）量等本征特性。1869 年，俄罗斯化学家门捷列夫按照原子量升序排列当时已知的 63 种元素，发现原子量在元素分类中的重要意义——元素的性质随相对原子质量的递增发生周期性变化，在俄国化学会刊第一卷上发表了题为《元素属性与其原子量的关系》的论文，绘制了元素周期表，并据此预测了尚未被发现的元素及其化学性质、化合价和原子量等。门捷列夫的元素周期表的建立使得现代化学及其相关学科的研究不再局限于对大量零散事实的无规律罗列，奠定了现代科学诸多领域的研究基础。直到今天，一共发现了118种化学元素，逐步形成了我们都熟悉的现代元素周期表，极大地推动了化学的发展。

由中国科学院上海有机所化学研究所科普团队策划、创作的《元素萌萌说》科普绘本，采用拟人化的元素形象、通俗易懂的故事性讲述，巧妙地将化学元素融入天文、地理、历史、物理、生物与技术中。通过选取40种化学元素，讲述它们与人类生活、社会发展密切相关的故事，呈现其发现过程、命名趣事、基本性质及广泛应用。相信这套书会让青少年更具体了解化学在人类认识和改造自然、提高人类的生活质量和健康水平、推动社会进步等方面发挥的巨大的不可替代的作用。

期待《元素萌萌说》的出版能让更多青少年通过认识元素，了解化学、爱上化学、应用化学，一起用化学创造我们美好的未来！

中国科学院院士，有机化学家

2023 年 7 月

主创寄语

春草碧色，秋水潺潺；鹰击长空，鱼翔浅底……我们身处的世界五彩斑斓、千姿百态。这样的一个世界，究竟是由什么构成的呢？

在遥远的上古时代，人们就开始思考这个问题了。我们的祖先通过对大自然的观察，提出了金、木、水、火、土五大元素概念。随着现代科学的发展，科学家们运用实验技术与方法，陆续提取、分离和验证了118种化学元素。正是这些元素，组成了这个丰富多彩的世界，构成了我们每日瞬息万变的生活。今天，人们对化学元素的认识还远远没有完结，还有许多人正在孜孜不倦地研究与探索着。

在人类智慧宝库中，元素科学、元素周期律无疑是认识世界的一把钥匙，而元素发现史、生命元素之旅、生活中的元素科学、高科技中的元素故事，正是大家尤其是青少年认识化学元素的极好题材。《元素萌萌说》系列科普绘本正是这些内容的具体呈现。

本套科普绘本共四册，涵盖了40种元素的有趣知识。绘本以漫画为主要表达形式，通过无所不知的"元素精灵"点点、主人公江滨白等小朋友的视角，借助活泼有趣、贴近生活的故事讲述元素知识，让小读者在元素世界里畅游。绘本中还融入了科学发展史、中华古诗词等内容，丰富和拓展了故事情节，希望以此激发孩子们更大的阅读兴趣，激励大家进一步去思考探索。

为孩子们做科普是一件重要且意义非凡的事，也是科研人员责无旁贷的义务和使命。本套科普绘本由中国科学院上海有机化学研究所年轻的科研团队策划创作。他们将雄厚的科研优势与多年的科普经验有机结合，同时和索石文化的优秀画师密切合作，终于为小读者们呈上了一套科学性与趣味性完美融合的"元素之书"。

本套科普绘本的创作和出版得到了上海市 2022 年度"科技创新行动计划"科普专项（22DZ2301300）、中国科学院科普专项以及上海市闵行区科普项目的资助，黄晓宇、沈其龙、邱早早、郑超、陈品红、洪燕芬等专家学者对图书内容进行了仔细审核，提出了中肯的意见和建议，在此一并表示感谢！

希望《元素萌萌说》为化学科普工作打开一个全新的视角，成为化学科普天幕上的一颗新星！更希望《元素萌萌说》为我们的孩子认识世界打开另一扇窗，让"世界"这个词在大家心中更加具体与美好。

2023 年 7 月

人物介绍

点点
元素小精灵

生日：谁知道呢

来历：诞生于元素周期表的精灵

性格：活泼可爱、调皮捣蛋，
　　　喜欢宅在房间里

爱好：吃甜食

江滨白

生日：11 月 26 日

性格：乐观、诚实、热情、好奇心强

喜欢的颜色：黄色、蓝色

爱好：做实验、游泳、郊游

喜欢的食物：冰淇淋

贺静涵
江滨白的妈妈

生日：2 月 7 日

性格：温柔善良、包容、细心

喜欢的颜色：粉色、紫色

爱好：唱歌、烹饪

喜欢的食物：糖醋排骨

目 录

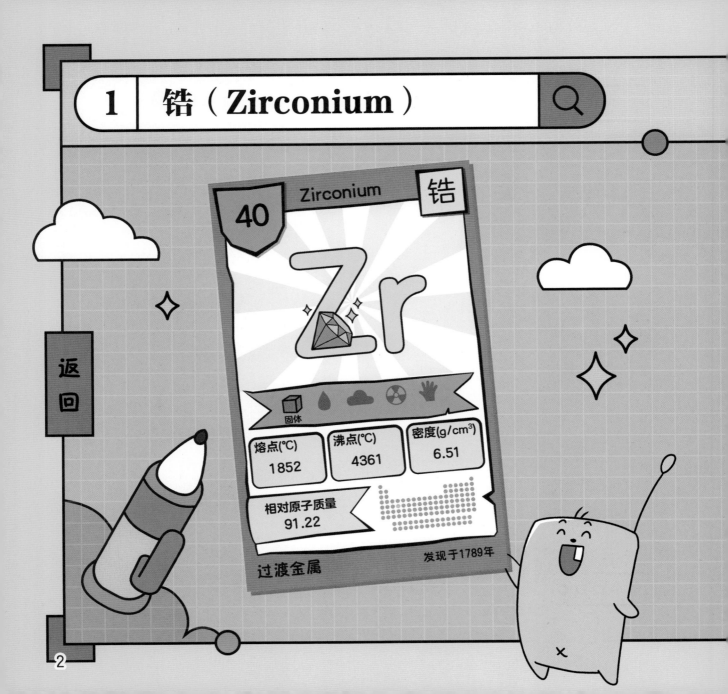

返回

锆 Zirconium

40

Zr

固体

熔点(℃) 1852
沸点(℃) 4361
密度(g/cm³) 6.51

相对原子质量 91.22

过渡金属

发现于1789年

它是名贵宝石的"替身"，
也是当铺老板的"杀手"。
它既能把灰姑娘变成贵妇，
也可以在太空中为航天员保驾护航。

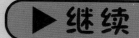

恭喜恭喜！
这位阿姨只抽了
10次就拿到了钻石！

10元一次，
还有人参与吗？

我也来
100元

我来

这么便宜

江滨白，那块钻石不是真的钻石，这个阿姨好像被骗了！

啊？可是我感觉这就是钻石啊？

不，这是一颗锆石，由锆元素组成，比起真的钻石，价格相差好多呢！

锆石？

锆石与钻石外观非常相似，但价格相差甚远。

一些不法商家用锆石冒充钻石，欺骗消费者，牟取暴利。

这钻石真好看！

你被骗了，这是锆石！

小精灵，那你知道怎样区分锆石和钻石吗？

区分锆石和钻石可以用放大镜观察。

锆石会产生一种很特殊的光学现象，

由其顶面可以看到底部的面，且棱线有明显的双影。

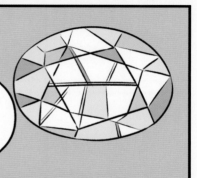

而钻石因为是"均质体"，绝不会有双影现象。

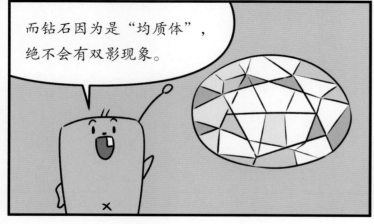

嗯！那锆元素是什么来头呢？

锆是一种过渡金属元素。

因其不易被提取，所以也常被称为"稀有金属"。

40 Zr 锆

过渡金属

锆的名字来源于锆石，锆石来源于波斯语"金色"。

锆 石

据说这是因为一些锆石珠宝的颜色很夺目。

就是因为锆石很好看，所以才能以假乱真吧？

点头

1789年，德国化学家马丁证明了锆石并不是钻石，

锆石是锆石，钻石是钻石。

什么?!

澄清了人们对锆石的误解。

其实锆石和钻石都很好看，只是钻石的价格更高。

韧性高
密度大
导热能力强
硬度最高
折射率最高
钻石

如果消费不起钻石，买锆石也是很不错的选择。

嗯! 但是用锆石冒充钻石骗钱，这是不对的!

锆还是非常好的航空航天材料。

因为它具有惊人的抗腐蚀性能、极高的熔点、超高的硬度和强度等。

航天飞机上也有锆啊，好酷！

嗯嗯，更酷的是中国的大型核电站普遍都用锆材。

哇，真是了不起的元素！

它史无前例地被门捷列夫预言，
而后在自然界被发现。
它是操纵光的高手，
用微小的器件实现复杂的功能。
它早已成为电子工业的脊梁。

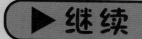 继续

唉？台灯怎么不亮了？

妈妈，我的台灯坏了！

哦，是插头松了，没电了而已。

哈哈！

好了白白，你可以继续写作业了。

好的妈妈！

我还以为是灯管坏了呢！

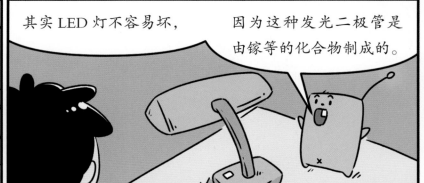

其实 LED 灯不容易坏，

因为这种发光二极管是由镓等的化合物制成的。

镓？镓是什么？

镓是硼族元素之一，

是一种低熔点、高沸点的稀有金属。

31 Ga 镓

硼族

镓有"电子工业脊梁"的美誉。

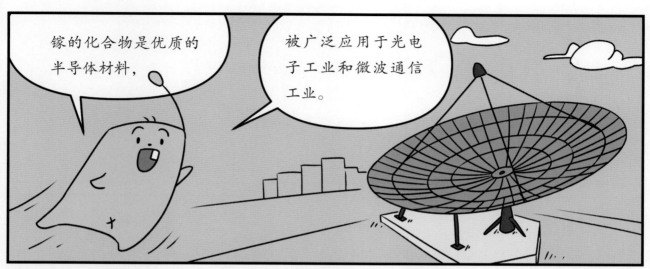

镓的化合物是优质的半导体材料，

被广泛应用于光电子工业和微波通信工业。

镓是化学史上第一个先有理论预言，

后在自然界被发现验证的化学元素。

就是说在它被人找到之前就有人预言了它的存在，对吗？

是的!

1871 年,门捷列夫发现元素周期表中铝元素的下面有个空位尚未被占据。

他预测这种未知元素的相对原子质量约是 68,密度为 5.9 g/cm³,性质与铝相似。

他的这一预测于 1875 年被法国化学家布瓦博得朗证实了。

布瓦博得朗

原来如此!

镓还会变身呢！

熔点：29.76℃

人体温度≈36.5℃

由于它的熔点非常低，所以当你把一块固态镓握在手中时，

Ga

它很快就会变成流动的液态镓。

哇，好神奇！

还有更神奇的！

镓可以腐蚀金属。

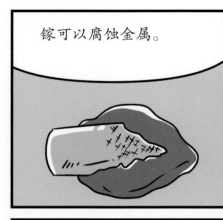

当你在空的易拉罐表面滴上液态镓，

液态镓

被滴到的部位就会变柔软，

一戳就破！

一指神功

有机会试试！

镓还有其他用途吗？

镓还常用于太阳能电池的制作，

例如，你回家路上看到的路灯用的可能就是太阳能电池哦。

那这些路灯就不需要另外供电了吧？可以省不少电呢！

还有光盘播放器和红色信号灯中都有镓的身影！

我感觉镓元素的用途都是和光电有关的。

不只如此，它在医学领域也有应用。

镓可用于医疗诊断。

例如，枸橼酸镓（67Ga）可用于人体肿瘤和炎症的定位和鉴别。

枸橼酸镓 67Ga

肺癌

肝癌

淋巴系统肿瘤

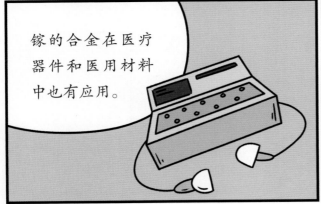

镓的合金在医疗器件和医用材料中也有应用。

镓合金还可作为牙齿填充材料。

38
Strontium
锶

Sr

固体

熔点(°C)	沸点(°C)	密度(g/cm³)
777	1414	2.54

相对原子质量
87.62

碱土金属

发现于1790年

返回

它与钙是"同族兄弟"，
有着相似的性格，
同样影响着人体健康。
它有红色的火焰，
令烟花更加绚烂夺目。

▶ 继续

电视机的屏幕！

你看，有灰尘。

好的，我来擦。

不过小精灵，这里有新元素吗？

嗯嗯，是锶，就在这个液晶屏幕里，它的基板玻璃的主要原料就含有碳酸锶。

锶？

锶是碱土金属中丰度排倒数第二的元素，化学符号是 Sr。

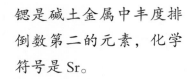

38 Sr
锶

碱土金属

人体主要通过食物及饮水摄入锶。

未被吸收的锶最后随尿液排出体外。

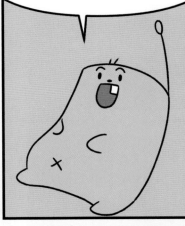

原来我们的身体里也有锶啊！

锶在人体内的代谢与钙极为相似。

20 Ca
钙

38 Sr
锶

不是啦，你一直在长高，

只是暂时还没到妈妈肩膀而已。以后肯定会越长越高的！

好吧，那我是不是要多吃点含锶的食物啊？

呼~

不少矿泉水中都有丰富的锶。

矿泉水

另外，叶菜类锶含量较高，而畜禽肉蛋类较低。

Sr Sr Sr

多喝水、多吃蔬菜，就可以啦！

34

当人体内锶过量时，就会出现轻微的消化道反应，

如恶心、胃部不适等。

过量锶也可引起骨骼生长发育过快，

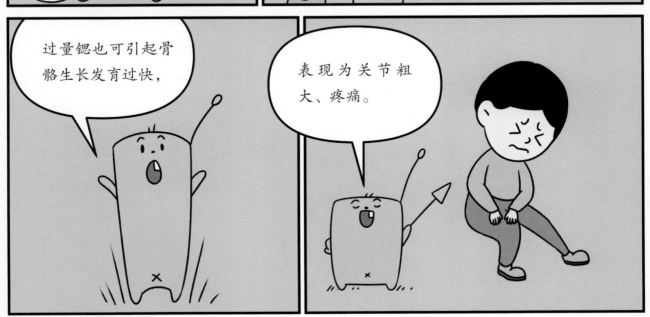

表现为关节粗大、疼痛。

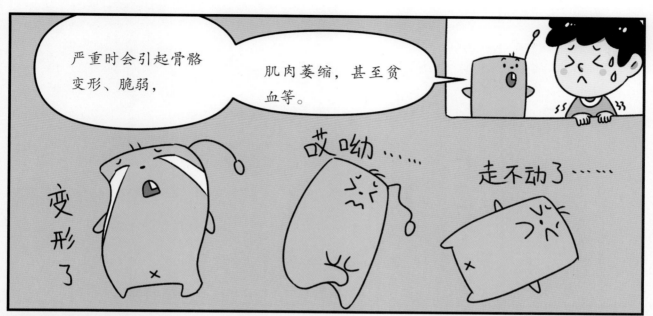

严重时会引起骨骼变形、脆弱，

肌肉萎缩，甚至贫血等。

变形了

哎呦……

走不动了……

它好难搞哦，过量不行，过少也不行。

那它还有其他用途吗？

锶还能用来制造烟花。

锶燃烧时的火焰是红色的，非常好看。

它还可以用来制造信号弹、颜料等。

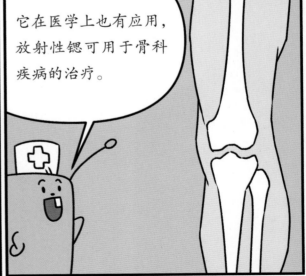

它在医学上也有应用，放射性锶可用于骨科疾病的治疗。

返回

Beryllium

4

Be

铍

固体

熔点(℃)
1278

沸点(℃)
2970

密度(g/cm³)
1.85

相对原子质量
9.012

碱土金属

发现于1798年

它是典型的"钢铁直男"，

身轻如燕，

百折不挠。

拒绝一切诱惑，

不见一丝火花。

特别提醒：铍有剧毒，务必远离！

 ▶ 继续

天宫空间站

铍是一种灰白色的碱土金属，它是优秀的航天材料。

4 Be 铍

碱土金属

制造火箭和卫星的结构材料要求密度小、强度大。

铍的密度比铝和钛的都小，强度是钢的4倍。

铍 铝 铍 钛

铍

钢

铍的吸热能力强，机械性能稳定。

原来是这样啊！

44

而且铍还是"原子能工业之宝"，是不可或缺的宝贵材料。

*原子能又称核能，是通过核反应从原子核释放的能量，是人类最具希望的未来能源之一。

你不觉得原子能很厉害、很酷吗？

哈哈哈，铍也很酷啊！

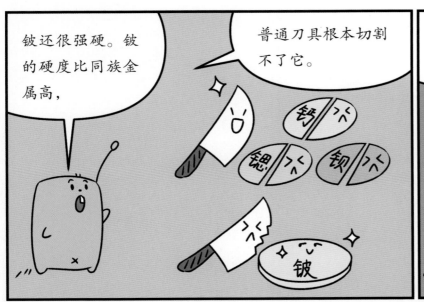

铍还很强硬。铍的硬度比同族金属高，

普通刀具根本切割不了它。

哇！那它还有其他用途吗？

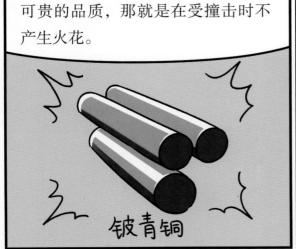

含镍的铍青铜还具有一个十分可贵的品质，那就是在受撞击时不产生火花。

铍青铜

利用这一奇妙性质，它在石油和炸药等行业十分有用，可以用来制作专用的凿子、锥子、砖头等，以防止火灾和爆炸事故的发生。

此外，含镍的铍青铜不会被磁铁吸引，可用来制造防磁零件。

哼!

铍青铜

为什么吸不过来?

我觉得铍像一个酷酷的又很有主见的男孩。

但是铍及其化合物都有剧毒!

啊?

啊？铍及其化合物还有剧毒呀？！

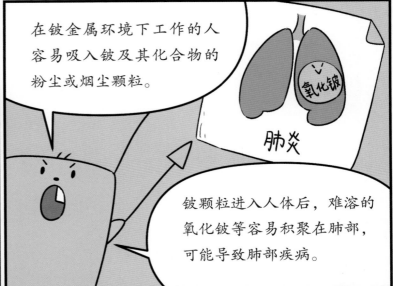

在铍金属环境下工作的人容易吸入铍及其化合物的粉尘或烟尘颗粒。

氧化铍

肺炎

铍颗粒进入人体后，难溶的氧化铍等容易积聚在肺部，可能导致肺部疾病。

可溶性铍化合物主要储存在骨骼、肝脏、肾脏和淋巴结等处。

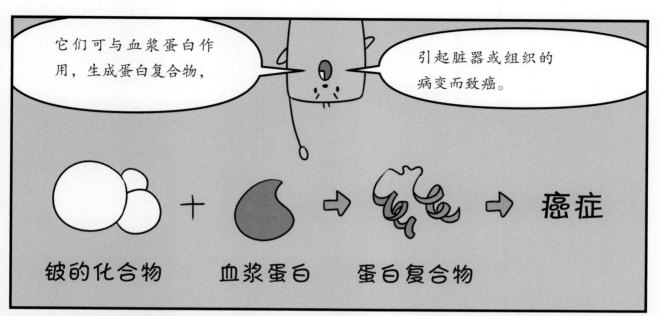

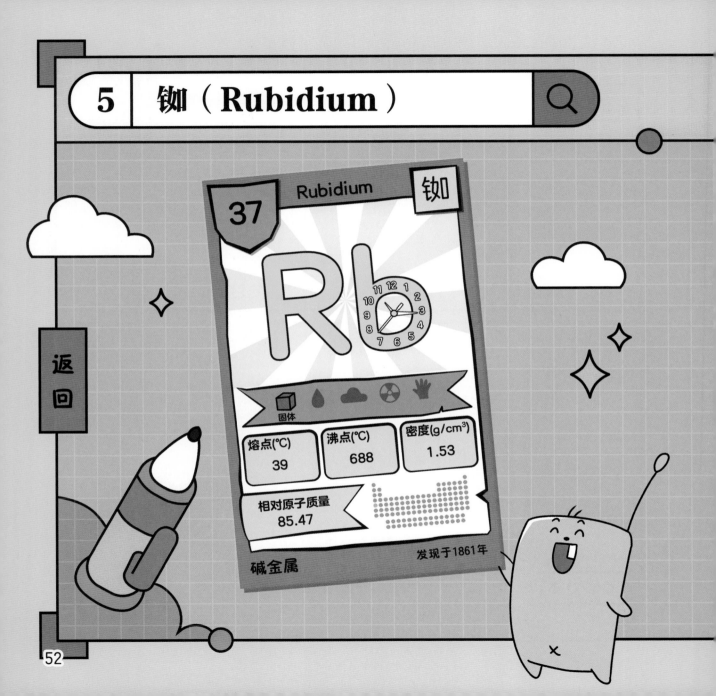

它比黄金还贵，却像黄油一样软。
虽然极度活泼，却能把握分寸。
原子钟用它计时，绝对分毫不差！

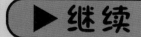

▶ 继续

你怎么了？怎么呆呆的！

你才呆呢！

我在想这个时钟为什么这么准，难道它不会出错吗？

时钟内部的每个部件都十分精密。

可以确保每秒的误差都是极小的。

不过时间久了可能还是需要拨一下的。

那有没有一种几乎没误差的时钟呢?

铷原子钟!

铷原子钟?

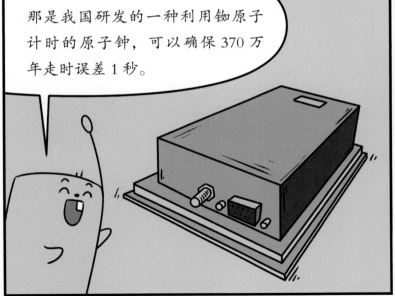

那是我国研发的一种利用铷原子计时的原子钟,可以确保370万年走时误差1秒。

听起来太厉害啦!

铷可是比黄金还要贵的金属呢！

甚至因为过于昂贵，几乎没有实际应用。

谁说我没用？！我只是比较高贵！！

铷

不过，随着科技的发展，铷逐渐被应用在许多高科技领域，

有着广阔的应用前景……

人呢？？

江滨白，你去哪里啊？

我发现铷跟钠、钾在同一族，它们都是碱金属。

让我猜猜，铷也是银白色的金属！对不对？

猜对了，真棒！铷是一种银白色轻金属，质地非常柔软。

37 Rb 铷

碱金属

它的硬度与室温下的黄油差不多。

一般情况下，纯金属铷存储于密封的玻璃安瓿瓶中。

铷

看起来银光闪闪的，好漂亮哦！

可是为什么要装在这里面呢？

因为铷是一种非常活泼的金属。

铷

你还记得钾吗?

当然!

钾元素非常活泼,一旦暴露在空气中就会迅速氧化,

因此钾在自然界没有单质形态存在。

钾

空气

钾

而铷比钾还要活泼。

原来是这样啊，怪不得要装在这里面！

铷

那铷元素是如何被发现的呢？

其实铷的发现，是焰色反应和光谱分析法成就的。

焰色反应

光谱分析法

我们都知道钠燃烧时会发出黄色光，

钾燃烧时发出紫色光。

钠

钾

最初，人们可以借此知道物质中有什么成分，

用火焰的颜色区分元素。

但现实中发现，许多元素的火焰颜色用肉眼很难区分。

锂盐和锶盐都是红色火焰，这下麻烦了！

于是科学家发明了三棱镜光谱分析法，并成功区分和识别了许多新元素，

每种元素都有各自固定的谱线。

铷元素也因此被发现了，它的火焰颜色是紫色。

铷

看来铷元素的发现体现了近代化学的高速发展！

看来你已经懂了不少啦！

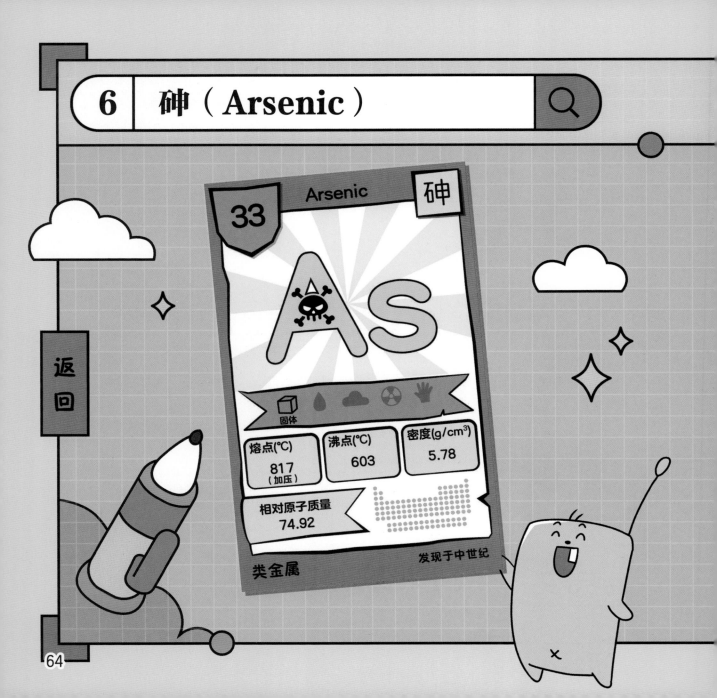

返回

Arsenic
33
As
砷

固体

熔点(℃)	沸点(℃)	密度(g/cm³)
817 （加压）	603	5.78

相对原子质量
74.92

类金属

发现于中世纪

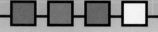

它古老而神秘，蕴含着危险和诱惑。

时而是阴谋的执行者，

时而是疑难杂症的克星。

有古诗云：雄黄出穴百虫伏。

愿人们摆脱那危险面孔，

留住美妙的价值。

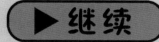

▶ 继续

这可是砒霜，你……你这是在犯罪啊！

妈妈，砒霜是什么啊？

小精灵!

电视里说的砒霜是什么啊，感觉好可怕啊!

砒霜是三氧化二砷，是一种毒性很强的物质，对人的眼、上呼吸道和皮肤均有刺激作用。

三氧化二砷
As_2O_3

砷?

砷是一种非金属元素，在元素周期表中，它的位置在磷的正下方。

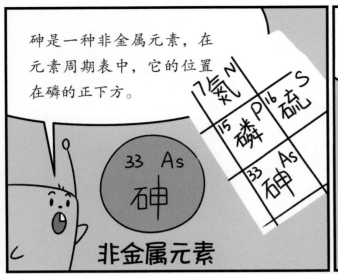

非金属元素

正因为砷与磷化学性质相近，所以砷很容易被细胞吸收而导致中毒。

啊呜——

细胞

砷

喂喂喂！吃我会中毒！！

单质砷的毒性不能忽视，且其两种主要氧化物均是剧毒。

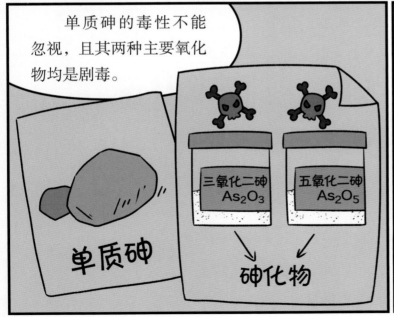

单质砷

三氧化二砷
As_2O_3

五氧化二砷
As_2O_5

砷化物

砷这种元素其实在古代就被人们发现了。

砒霜之所以叫砒霜，是因为"砒"是"貔"的谐音字。

pí 貔

貔在传说中是一种吃人的凶猛野兽。

所以砒霜的毒性早已被人们了解。

那砷这种元素有好的作用吗？

如今，由于人们的环保意识增强了，砷在农业生产中的用量大幅降低。

目前，砷主要作为合金材料添加到铜和铅的合金中，

在铜中加一些砷，可以让合金有更低的导热性和导电性，增强了可加工性。

砷铜合金

此外，砷具有生理和药理作用，也被广泛应用于医药卫生领域。

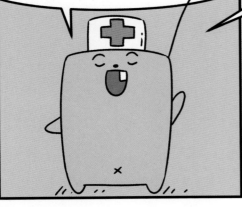

有研究表明，一些含砷的中药制剂不仅可抑制肿瘤生长，

还具有抗病原微生物及抗疟的作用。

啊？难道这就是传说中的以毒攻毒吗？

哈哈哈你也可以这么理解。

人体内其实也含有微量的砷呢！

啊？它可真是个令人捉摸不透的元素啊！多了不行，没它也不行！

让我想想……砷化物还能被用作颜料呢！

啊？小精灵，你不是说砷化物是有毒的吗？

是的，所以出事了。

发生了什么？

1814 年，德国的一家服装公司用砷化物研发出一种新型绿色染料——巴黎绿。

巴黎绿

1861 年，一名 19 岁的女孩在穿上巴黎绿裙子后开始不停呕吐，并且她呕出的东西都呈绿色。

据说，她死亡时，她的眼白也变成了绿色！

返回

Selenium
34
Se
硒

固体

熔点(℃)	沸点(℃)	密度(g/cm³)
220	685	4.79

相对原子质量
78.96

非金属

发现于1817年

它与月亮女神同名，
参与人体的代谢过程，
影响机体的免疫力。
玻璃和激光打印机中，
也有它的身影。

▶ 继续

江滨白，你在看古希腊神话啊！

嗯，我喜欢月亮女神！

硒是一种非金属元素，它的名字就源于月亮女神。硒单质是带有灰色金属光泽的固体。

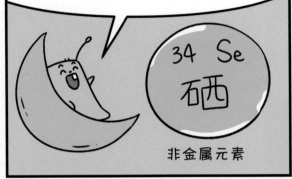

非金属元素

月亮女神……

等等，那硒为什么被称为"月亮女神"呢？

因为硒的性质很像另一个名为"地球"的元素碲，因此，作为"地球"的姊妹元素，硒就被命名为月亮，在希腊文中，Selene（赛勒涅）指"满月女神"。

哇塞！那硒有什么作用呢？

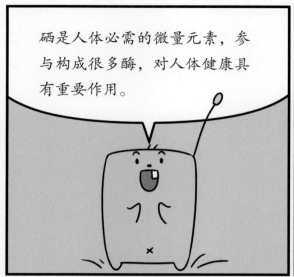

硒是人体必需的微量元素，参与构成很多酶，对人体健康具有重要作用。

例如，提高人体免疫力、延缓衰老、防癌抗癌等。

细菌

衰老

病毒

硒很重要啊！

但是硒失调也会对人体造成不良影响。

啊？

81

体内缺少硒	体内硒过量

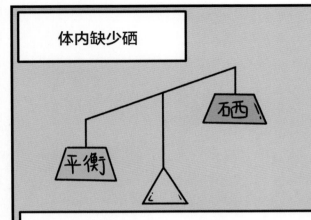

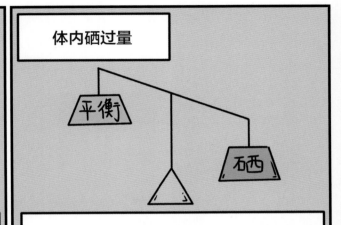

会导致人未老先衰，患上克山病、大骨节病，使人精神萎靡不振，易感冒，硒严重缺乏还会引发心肌病及心肌衰竭等病症。

会使人皮肤痛觉迟钝、四肢麻木、头昏眼花、食欲不振、头发脱落、指甲变厚、皮疹、皮痒、面色苍白、胃肠功能紊乱、消化不良等症状。

天哪，听起来好难控制啊！

不只对人体,硒对土壤、陆生生物、水生生物都有影响。

但是硒在生活中的用途不多吧？

不不不。

硒是一种很好的物理脱色剂，常用于玻璃工业。

很多建筑物和汽车上的黑色玻璃中也有硒。

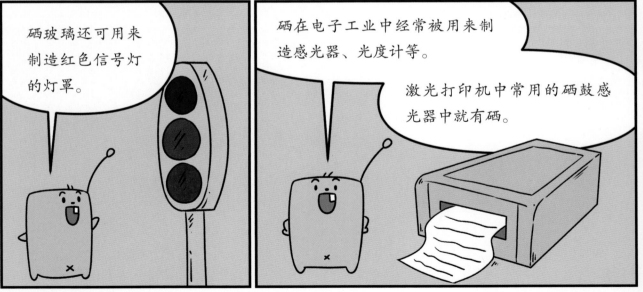

硒玻璃还可用来制造红色信号灯的灯罩。

硒在电子工业中经常被用来制造感光器、光度计等。

激光打印机中常用的硒鼓感光器中就有硒。

原来我每次过马路都会看到它啊！

缺硒

如今，随着硒的应用领域不断扩大，硒资源的供给远不能满足市场发展需求。

那我们国家也缺硒吗？

是的，因此，除了加大硒资源的综合开发与利用之外，如何优化和完善硒的回收工艺也备受各国的关注。

85

我国湖北恩施被称为"世界硒都"，是迄今为止"全球唯一探明独立硒矿床"的地方。

但我国硒资源分布不均衡。

有些地区土壤硒含量很高，有些地区则出现了缺硒现象。

原来如此！

说起硒，我想起有一次跟妈妈去买菜的时候，妈妈差点儿被假药贩子骗啦！

35

Bromine

溴

Br

红药水

液体

熔点(℃)
−7

沸点(℃)
59

密度(g/cm³)
3.12

相对原子质量
79.90

卤素

发现于1826年

它极易挥发，味道很臭。

千万不要用鼻子闻，因为它令人窒息！

当它被制成红药水时，可以为伤口消毒。

当它被制成生化武器时，有多少生灵涂炭。

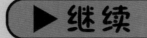 ▶ 继续

抬头

妈妈，我额头上的血还在流！

那不是血，那是红药水，是用来消毒的。

好吧……

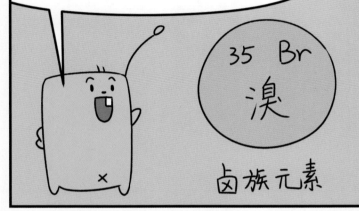

溴是一种化学元素，元素符号为Br，是卤族元素之一。

35 Br
溴

卤族元素

那溴是怎么被发现的呢？

这要追溯到1824年法国青年巴拉尔的一次意外发现。

巴拉尔

他为了研究自己家乡蒙彼利埃的水，对提取结晶盐后的母液进行了多次实验。

当通入氯气时，母液变成了红棕色。

最初，巴拉尔认为这是一种氯的碘化物溶液，并开始研究这些废弃母液的组成元素。

氯气

为什么是红棕色液体？难道是氯？

但他尝试了各种办法也没将这种物质分解，所以他断定这是和氯、碘相似的新元素。

既然分解不了，那它一定是一种新元素！

最终于1826年，他的实验结论得到了肯定。

35 Br 溴

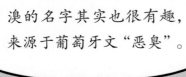

溴的名字其实也很有趣，来源于葡萄牙文"恶臭"。

哈哈，难道是溴太臭了吗？

没错，溴有着刺激性臭味。

原来是这样！

溴的用途还是很多的，可用来制作阻燃剂、汽油添加剂、杀虫剂等。

在医学方面，人们最熟悉的用途莫过于红药水了。

嗯嗯，今天我也熟悉啦！

不过请务必记住，红药水和碘伏不能同时使用，否则对人体有害！

这么严重！我记住了！

另外，溴化物还被用作染料。例如，泰雅紫是古代地中海沿岸出产的一种名贵染料，

罗马法律规定，只有皇族与教主可以穿用这种染料染的紫色衣袍。

又臭又名贵？这可真神奇！

不过要注意，单质状态的溴有很强的挥发性和腐蚀性，有毒！

人吸入低浓度溴后可引发咳嗽、胸闷、头痛、头晕、全身不适等症状。

若吸入高浓度溴，人会流泪、怕光、剧咳、声音嘶哑、声门水肿，甚至可能窒息。

接触高浓度溴会造成皮肤重度灼伤。

它是横空出世的一匹黑马，

酷爱执行不可能的任务。

玩转腾空飙车，

勇闯枪林弹雨，

护送高温核燃料，

……

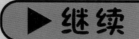

▶ 继续

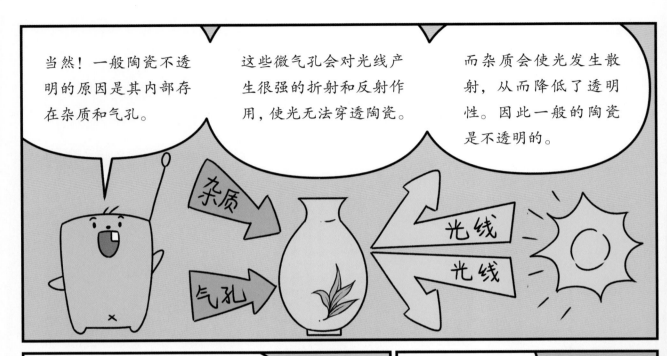

当然！一般陶瓷不透明的原因是其内部存在杂质和气孔。

这些微气孔会对光线产生很强的折射和反射作用，使光无法穿透陶瓷。

而杂质会使光发生散射，从而降低了透明性。因此一般的陶瓷是不透明的。

如果选用高纯度原料，并通过工艺手段排除气孔，就可获得透明陶瓷。

高纯度原料？

例如，高纯度的氧化镁、氧化钇等，都可用来制作透明陶瓷。

镁元素我知道，那钇元素又是什么呢？

钇是一种银白色金属，它是第一种被发现的稀土金属元素，常被用来制作特种玻璃和合金。

39 Y
钇

金属元素

稀土元素？

稀土元素指钪、钇和全部镧系元素。

镧系元素

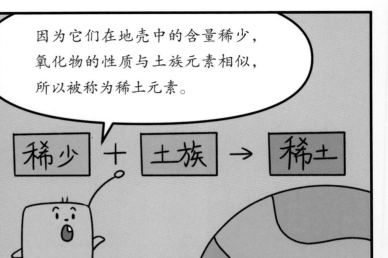

因为它们在地壳中的含量稀少，氧化物的性质与土族元素相似，所以被称为稀土元素。

稀少 ＋ 土族 → 稀土

那它对我们的生活有什么影响吗?

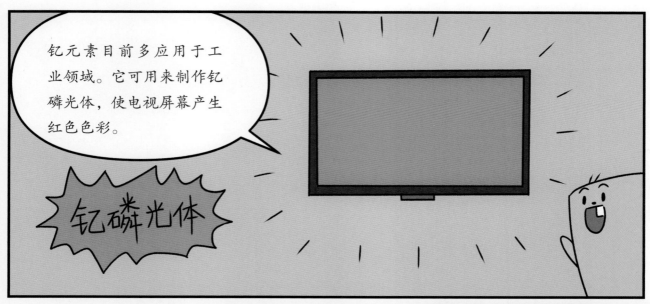

钇元素目前多应用于工业领域。它可用来制作钇磷光体，使电视屏幕产生红色色彩。

钇磷光体

还可用于制造某些射线的滤波器、超导体、超合金及特种玻璃。

超导体

滤波器

特种玻璃

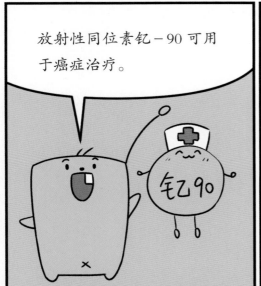

放射性同位素钇-90可用于癌症治疗。

钇90

钇耐高温、耐腐蚀，可制作核燃料的包壳。

核燃料包壳

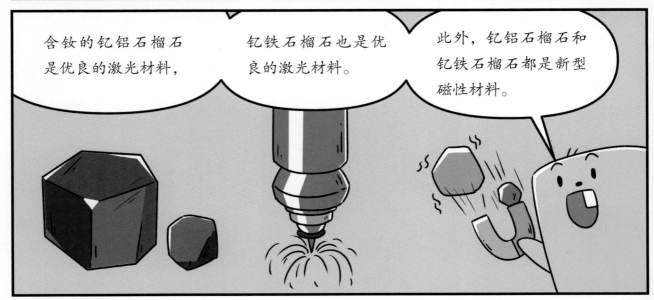

含钕的钇铝石榴石是优良的激光材料，

钇铁石榴石也是优良的激光材料。

此外，钇铝石榴石和钇铁石榴石都是新型磁性材料。

这真绕口啊!

不过钇元素真是一种既稀有又有用的元素啊!

关于钇还有一个神奇的魔术。

什么魔术? 快说, 快说!

它是半导体的鼻祖，

开启了工业革命 3.0。

它独具慧眼，

为网上冲浪的你插上双翼。

它还能促进抗体产生，

提高身体免疫力。

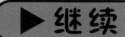

▶ 继续

可能是宽带接头没插好，松掉了吧。

那我去看看吧！

路由器

小精灵，是发现新元素了吗？

嗯嗯，是锗。

锗？

锗的化学符号是 Ge，单质是银灰色晶体，属于类金属。

32 Ge

锗

类金属

门捷列夫在 1871 年就预言了锗的存在，1885 年德国化学家温克勒发现了它，并用自己的祖国——德国为该元素命名。

温克勒

好神奇啊，锗的名字竟然源于一个国家！

是的。

那它有哪些用途呢？

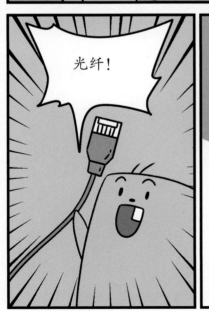

光纤！

含锗的光纤具有容量大、传输距离长及不受环境干扰等优良特性，

也是目前唯一可以工程化应用的光纤。

路由器

锗还可用于制造半导体器件。

例如，早期的锗管收音机。

但是，现在锗在半导体器件上的应用已大部分被硅取代了。

啊？为什么呀？

锗晶体管不能在高温下工作。

在室温下，晶态锗性脆，可塑性小，它和金刚石一样硬且脆。

我怕热

不过，锗作为红外光学材料，具有红外折射率高、易加工等优点，

常用于制造 γ 能谱仪、红外探测器等。

听起来好厉害啊！

是的。

此外，锗在医学领域也有一定应用。

有研究表明，锗具有促进抗体产生、抗肿瘤、抗衰老等功能。

免疫力

在我国，位于福建清流的锗温泉有"东方卢尔德"之称。

听起来好棒啊！我也要去泡温泉！

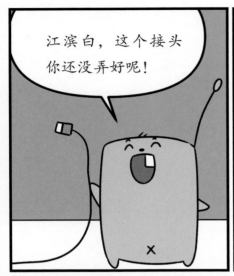

元素萌萌说1—4

科学顾问　唐　勇

主　　编　杨慧娜

策　　划　王昊阳　罗瑞敏　林芙蓉

编　　绘　索石文化　俞　兰

责任编辑　侯慧菊　吴　昀　顾巧燕　郑丁葳

封面设计　符　劼

出版发行　上海科技教育出版社有限公司

　　　　　（上海市闵行区号景路159弄A座8楼　邮政编码201101）

网　　址　www.sste.com　www.ewen.co

经　　销　各地新华书店

印　　刷　上海中华商务联合印刷有限公司

开　　本　889×1240　1/24

印　　张　22

版　　次　2023年8月第1版

印　　次　2023年8月第1次印刷

书　　号　ISBN 978-7-5428-7988-2/G·4722

定　　价　196.00元（共4册）